mi mini biografía

George Washington Carver

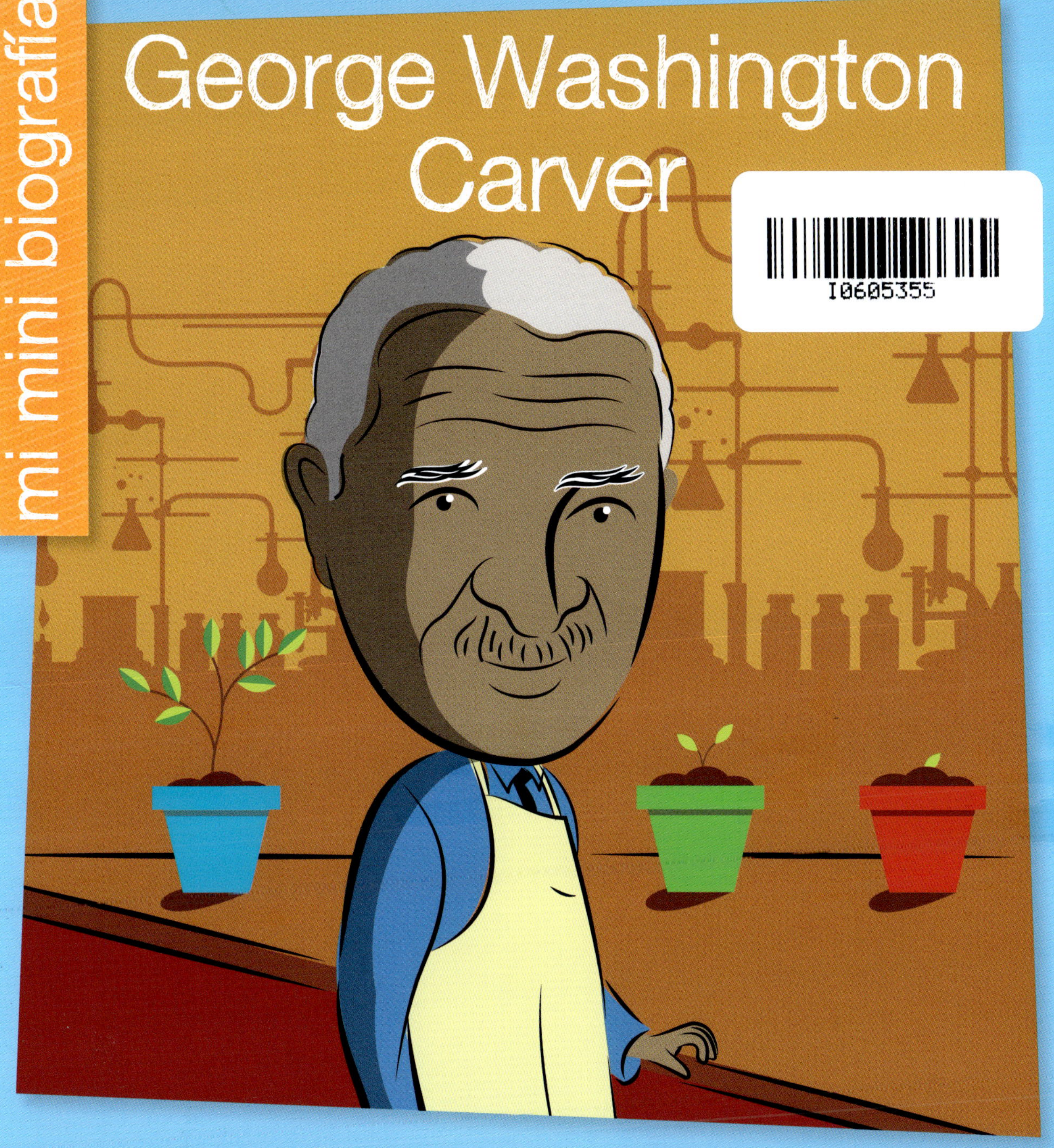

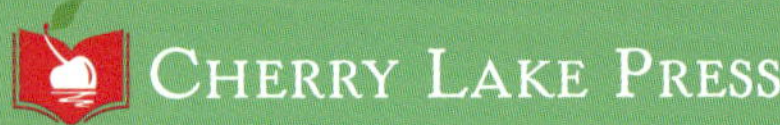

Publicado en los Estados Unidos de América por Cherry Lake Publishing
Ann Arbor, Michigan
www.cherrylakepublishing.com

Asesor de contenido: Ryan Emery Hughes, estudiante de doctorado, Escuela de Educación, Universidad de Michigan
Asesora de lectura: Marla Conn MS, Ed., Read-Ability, Inc.
Ilustrador: Jeff Bane
Traducción por Editec Soluciones Editoriales

Créditos de las fotos: ©Matt Wunder/Shutterstock, 5; ©Monkey Business Images/ Shutterstock, 7; ©Fotokostic/Shutterstock, 9; ©PD-US Frances Benjamin Johnston, 11, 22; ©Ben Trahair/Shutterstock, 13; ©nednapa/Shutterstock, 15; ©iravgustin/Shutterstock, 17; ©PD-US Arthur Rothstein, 19, 23; ©PD-US NYPL Digital Collections, 21; Cover, 8, 12, 16, Jeff Bane; Todos los marcos de las imágenes, Shutterstock Images

La información del catálogo de publicación de la Biblioteca del Congreso ha sido presentada y está disponible en catalog.loc.gov.

Impreso en los Estados Unidos de América

contenido

Sobre la autora: Katie Marsico es la autora de más de 200 obras de referencia para niños y jóvenes. Vive con su esposo y sus seis hijos cerca de Chicago, Illinois.

Sobre el ilustrador: Jeff Bane y sus dos socios son dueños de un estudio cerca del río de los Americanos en Folsom, California, que es donde se originó la fiebre del oro de 1849. Cuando Jeff no está dibujando o ilustrando, está nadando o navegando en kayak por el río para relajarse.

mi historia

Nací en una granja en Misuri.
Le pertenecía a la familia Carver.

Mis padres eran **esclavos**.
Los Carver eran los dueños de mi madre.

Mi padre murió antes de que yo naciera.

Los traficantes de esclavos **secuestraron** a mi madre. Yo era apenas un bebé.

Luego de eso, los Carver me criaron.

Fui a la universidad en Iowa.

Estudié **agricultura**.

Me convertí en **científico**.
Di clases en una universidad
para estudiantes negros.

Los ayudé a aprender a ser
mejores granjeros.

¿Cómo quieres ayudar a las personas?

Los granjeros del sur plantaron algodón por años. Eso arruinó el **suelo**.

Les dije a los granjeros que probaran diferentes **cultivos**. Les sugerí maní.

Plantar maní mejoró el suelo.

Los granjeros cultivaron más maní del que podían vender.

¿Qué tipo de cultivo te gustaría cosechar?

Encontré más de 300 usos
para el maní.

¡Desde jabón hasta pintura
y pegamento!

Tanto los blancos como los negros me respetaban.

Di charlas. Dije que los blancos y los negros debían tener los mismos derechos.

¿Por qué es importante ser respetado?

Morí en 1943. Mis ideas cambiaron vidas.

Ayudaron a los granjeros. Hicieron que las personas pensaran en la **igualdad**.

¿Qué te gustaría preguntarme?

Línea de tiempo

1896

1860

Nació en
1865

1920

1960

Murió en
1943

glosario & índice

glosario

agricultura actividad que trabaja la tierra para que dé frutos

científico alguien que estudia la naturaleza y el mundo en el que vivimos

cultivos plantas que se cosechan para alimentar personas y animales

esclavos personas privadas de sus derechos y tratadas como objetos

igualdad derecho de todos a recibir el mismo trato

secuestraron llevarse a alguien ilegalmente

suelo la primera capa de tierra donde crecen las plantas

índice